Über das Wesen der formativen Reizung.

Von

Jacques Loeb,
Professor der Physiologie an der University of California in Berkeley.

Vortrag gehalten auf dem
XVI. Internationalen Medizinischen Kongreß
in Budapest 1909.

Springer-Verlag Berlin Heidelberg GmbH
1909

ISBN 978-3-662-40533-8   ISBN 978-3-662-41010-3 (eBook)
DOI 10.1007/978-3-662-41010-3

Vorwort.

Der Titel dieses Vortrages „Über das Wesen der formativen Reizung" ist im Anschluß an Virchows Abhandlung über „Reizung und Reizbarkeit" (Virchows Archiv, Bd. 14, S. 1, 1858) gewählt, in welcher derselbe drei Arten von Reizen unterscheidet: funktionelle, nutritive und formative. Unter formativen Reizen versteht er solche, welche zu Kern- und Zellteilungen Anlaß geben. Als klassisches Beispiel der formativen Reizung sieht er die Befruchtung des Eies an, und die von ihm gezogene Parallele zwischen diesem Vorgang und der Erregung eines pathologischen Wachstumsprozesses ist so charakteristisch, daß ich das volle Zitat hier wiedergeben möchte: „Gesteht man die Übereinstimmung der pathologischen Neubildung mit der embryonalen zu, so wird natürlich das Ei als das Analogon der pathologischen Mutterzelle, die Befruchtung als das Analogon der pathologischen Reizung betrachtet werden müssen. Der Stand dieser Angelegenheit ist durch die Entdeckung des Eindringens der Samenfäden in das Ei nicht wesentlich geändert worden, da ja auch jetzt kein Grund vorliegt, die Samenfäden als den direkten morphologischen Ausgangspunkt für die Entwicklung bestimmter Eiteile zu betrachten. Wenn die Samenfäden sich, wie es scheint, innerhalb des Eies auflösen, so bringen sie in das Innere der Zelle immer nur gewisse chemische Stoffe, welche als spezifische Reize dienen, indem sie neue chemische und morphologische Anordnungen der Atome hervorrufen. Das Seminium morbi, welches jedes spezifische Kontagium darstellt, bietet uns dieselben Möglichkeiten, auch wo kein Eindringen geformter Körper in die Zelle nachweisbar ist."

Die damals herrschende Vermutung der Auflösung des Samenfadens im Ei hat sich nicht bestätigt; die Ansicht Virchows aber, daß das Spermatozoon chemische Stoffe ins Ei trägt, welche den Reiz für die Entwicklung bilden, ist vollständig richtig, und die von ihm betonte Analogie zwischen der Entwicklungserregung des Eies durch das Spermatozoon und der Anregung zu einer pathologischen Neubildung hat heute ihren Wert wie damals. Ich glaube deshalb, daß es berechtigt ist, wenn ich den Medizinern in einer kurzen Übersicht die Resultate meiner Versuche über künstliche Parthenogenese und die Entwicklungserregung des Eies durch das Spermatozoon hier darlege.[1])

---

[1]) Eine ausführliche Darstellung dieser Versuche findet der Leser in meinem eben erschienenen kleinen Buche über „Die chemische Entwicklungserregung des tierischen Eies (Künstliche Parthenogenese)", Berlin 1909. In diesem Buche finden sich auch die nötigen Literaturnachweise.

Zürich, 21. August 1909.

I.

Die Zellularphysiologie hat den Nachweis geführt, daß die Neubildung von Geweben und Organen nur aus Zellen entsteht, und zwar auf dem Wege der Kern- und Zellteilung. Die Umstände, welche Zellen veranlassen, sich zu teilen und sich zu neuen normalen oder pathologischen Geweben zu entwickeln, bezeichnet man seit Virchow mit dem Ausdruck der formativen Reize. Die Aufgabe der modernen Biologie besteht darin, festzustellen, erstens, was die Natur dieser Reize ist, und zweitens, welche Änderung in der Zelle bei der formativen Reizung vor sich geht. Schon Virchow betonte, daß die Befruchtung des Eies das Vorbild aller formativen Reizungsprozesse sei, und daß das Spermatozoon als der formative Reiz in diesem Falle angesehen werden könne.

Es ist bisher nicht gelungen, zu entscheiden, was die physikalisch-chemische Natur des formativen Reizes bei der Bildung eines Tumors ist, oder welche Änderungen die Zelle bei der Reizung erleidet. Wohl aber ist diese Aufgabe bis zu einem hohen Grade beim tierischen Ei gelungen, und es mag daher den Pathologen und den Arzt im allgemeinen interessieren, die hier gewonnenen Einsichten in den Hauptzügen kennen zu lernen.

Es ist bekannt, daß, von wenigen Ausnahmen abgesehen, das tierische Ei sich nur dann entwickelt, wenn ein Spermatozoon in dasselbe eintritt. Tritt kein Spermatozoon in das Ei, so findet im allgemeinen keine Teilung desselben statt, und es geht meist nach kurzer, manchmal erst nach längerer Zeit zugrunde. Die Frage, die ich mir stellte, war die folgende: Durch welche physikalisch-chemischen Agenzien veranlaßt das Spermatozoon das ruhende Ei, sich zu teilen und zu einem Embryo zu entwickeln; und zweitens, welche Veränderungen erleidet das Ei bei dieser formativen Reizung durch das Spermatozoon? Oder mit anderen Worten: Welches ist der Mechanismus, durch den das unbefruchtete Ei veranlaßt wird, sich zu teilen und zu entwickeln? Für die Beantwortung dieser Frage standen zwei Wege offen. Erstens konnte man versuchen, mit Extrakten von Spermatozoen die Entwicklung des unbefruchteten Eies anzuregen. Ich habe mir viel Mühe gegeben, um auf diesem Wege zum Ziele zu gelangen, aber zuerst mit negativem Resultat. Ich benutzte nämlich anfangs immer nur Extrakte des Samens von derselben Tierart, von der auch die Eier stammten. Erst neuerdings habe ich gefunden, daß der Samenextrakt im allgemeinen nur dann wirksam ist, wenn er von einer fremden Tierart stammt. Auf diese merkwürdige Tatsache, welche mit der Immunität der Zellen gegen die Lysine des eigenen Körpers zusammenhängt, kommen wir später zurück.

Der zweite Weg, der offen stand, um die Frage nach dem Wesen der formativen Reizung zu entscheiden, lag in der Richtung der künstlichen Parthenogenese, d. h. der Entwicklungserregung des tierischen Eies nicht durch Samenextrakte, sondern direkt durch physikalisch-chemische Agenzien. Diesen Weg betrat ich besonders deshalb, weil er noch einen ganz besonderen Vorteil gewährt. Da nämlich in diesem Falle die Natur der wirkenden Agenzien klar ist, so gestattet diese Methode auch einen besseren Einblick in den Mechanismus der Entwicklungserregung, als Samenextrakte das zu tun imstande wären, da ja deren chemische Natur nicht ohne weiteres bekannt ist.

II.

Wir wollen nun zunächst die Methode der künstlichen Parthenogenese bei dem Ei des kalifornischen Seeigels (Strongylocentrotus purpuratus) beschreiben, bei dem dieselbe am gründlichsten durchgearbeitet ist. Es soll vorausgeschickt werden, daß bei den Eiern sehr vieler Tiere die Wirkung des Eindringens des Spermatozoons sich fast augenblicklich durch eine sehr charakteristische Änderung bemerkbar macht, nämlich die sogenannte Membranbildung. Dieselbe besteht kurz darin, daß die Oberflächenlamelle des Eies durch das Eindringen von Seewasser zwischen

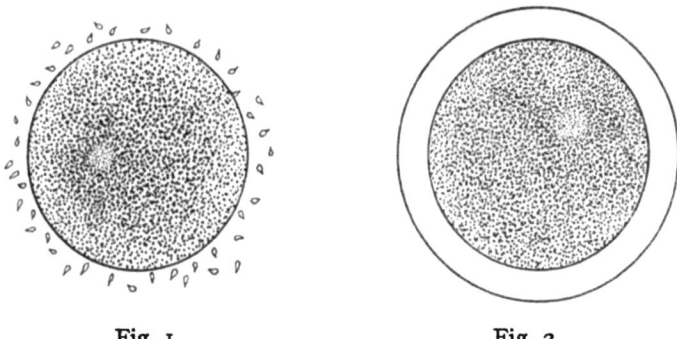

Fig. 1. Fig. 2.

dieselbe und das Zytoplasma von dem letzteren abgehoben und durch einen mehr oder weniger großen hellen Zwischenraum getrennt wird. Fig. 1 und 2 zeigen diese Veränderung beim Seeigelei, Fig. 1 gibt ein Bild des unbefruchteten Eies, das von Spermatozoen umschwärmt wird (deren Geißel aber in der Zeichnung weggelassen ist). Fig. 2 ist das Bild desselben Eies nach dem Eindringen eines Spermatozoons, nachdem die Befruchtungsmembran gebildet, d. h. nachdem die Oberflächenlamelle des Eies von dem Zytoplasma durch eine breite, wasserklare Schicht getrennt ist.

Es gelang mir 1905 eine Methode zu finden, durch welche es möglich ist, die Bildung der Befruchtungsmembran anscheinend ohne Schädigung für das Ei künstlich hervorzurufen. Diese Methode besteht darin, daß man die Eier etwa zwei Minuten lang in eine Mischung von 50 ccm Seewasser + 3 ccm n/10 einer niederen einbasischen Fettsäure, z. B. Essigsäure, Propionsäure, Buttersäure oder Valeriansäure, bringt. In dieser Mischung findet keine Membranbildung statt; überträgt man aber die Eier in normales Seewasser (das leicht alkalisch ist, oder dem man noch etwas Natronlauge zusetzt)[1]), so bilden alle Eier eine vollkommene Befruchtungsmembran. Es stellte sich nun heraus, daß diese Membranbildung der wesentliche Umstand ist, welcher das Ei zur Entwicklung veranlaßt. In allen diesen Eiern finden nämlich im Laufe der nächsten Stunden nach der künstlichen Membranbildung diejenigen Änderungen statt, welche zu einer Zellteilung führen. Ist die Temperatur sehr niedrig, so kommt es bei solchen Eiern nicht nur zu Zellteilungen, sondern das Ei entwickelt sich zu einer schwimmenden Larve, es erreicht das sogenannte Blastulastadium. Bei Zimmertemperatur aber erreicht das Ei infolge der künstlichen Membranbildung nicht einmal das Blastulastadium, sondern es fängt bereits bei oder kurz vor der ersten Kernteilung an zu kränkeln und geht dann langsam zugrunde.

Wir sehen also, daß die künstliche Membranbildung durch eine Fettsäure die Entwicklung zwar anregt, daß die letztere aber nicht zu Ende verlaufen kann. Um eine vollständige Entwicklung zu veranlassen, ist, wie wir gleich sehen werden, noch ein zweiter Eingriff nötig.

Ehe wir dieses schildern, müssen wir erst noch eine andere Frage erledigen, die sich dem Leser aufdrängen wird, nämlich woher wir denn wissen, daß die Membranbildung und nicht eine sonstige Wirkung der Säure, z. B. eine katalytische, als „formativer Reiz" in diesem Falle

---

[1]) Etwa 0,5 bis 1,5 ccm einer n/10-Lösung von Natronlauge zu 50 ccm Seewasser. Nach der Membranbildung überträgt man dann die Eier wieder in normales Seewasser.

wirkt. Die Antwort lautet, daß, wenn wir die Säure wirken lassen, die Membranbildung aber verhindern, die Kern- und Zellteilungsvorgänge im Ei nicht eintreten. Wir werden außerdem später sehen, daß wir durch die verschiedensten Mittel die Membranbildung veranlassen können, und daß alle diese Mittel auch als formative Reize wirken. Die Hervorrufung der Membranbildung durch Fettsäure regt also beim Seeigelei die Entwicklung an, aber diese Entwicklung ist abnorm und das Ei kränkelt und geht zugrunde, und zwar um so rascher, je höher die Temperatur. Die Frage entsteht nun, wie können wir dieses Kränkeln hemmen und dem Ei eine normale Entwicklung gestatten?

Ich habe gefunden, daß uns dazu zwei sehr verschiedene Eingriffe zur Verfügung stehen. Der eine, der nie versagt, besteht darin, daß man die Eier etwa 20 Minuten nach der künstlichen Membranbildung in hypertonisches Seewasser (oder irgendeine hypertonische Lösung, z. B. Zuckerlösung) bringt; d. h. in Seewasser, oder eine sonstige Lösung, deren osmotischer Druck durch Zusatz von Salz oder Zucker um etwa 50 Proz. höher gemacht ist als der des Seewassers. In dieser Lösung bleiben die Eier etwa 30 bis 60 Minuten (je nach der Temperatur und der Konzentration der Hydroxylionen in der Lösung). Überträgt man die Eier in normales Seewasser so entwickeln sie sich auch bei Zimmertemperatur in ähnlicher Weise bis zum Pluteusstadium, wie die durch Samen zur Entwicklung veranlaßten Eier.[1])

Die zweite Methode, die Eier nach der künstlichen

---

[1]) Auch die durch Samen zur Entwicklung veranlaßten Eier gehen wie die parthenogenetisch zur Entwicklung gebrachten im Pluteusstadium zugrunde, wenn man sie nicht durch besondere Fütterungsversuche am Leben erhält. Solche Fütterungsversuche habe ich noch nicht unternommen, da sie sehr schwierig und zeitraubend sind. Delage behauptet aber, daß es ihm gelungen sei, zwei parthenogenetische Seeigellarven bis zur Geschlechtsreife zu züchten.

Hervorrufung der Membran auch bei Zimmertemperatur zur normalen Entwicklung zu veranlassen, besteht darin, daß man dieselben etwa drei Stunden in sauerstofffreies Seewasser bringt, oder in Seewasser, dem man etwas Zyankalium zusetzt. Nach Übertragung in normales Seewasser entwickeln sich die Eier meist, aber nicht immer. Diese Methode ist also nicht ganz so zuverlässig wie die andere, eben erwähnte.

Wir sehen also, daß der formative Reiz bei der künstlichen Entwicklungserregung des Seeigeleies aus zwei Eingriffen besteht; nämlich erstens der Hervorrufung der Membranbildung, und zweitens der nachträglichen kurzen Behandlung des Eies mit einer hypertonischen Lösung (oder einer längeren Behandlung desselben mit einer zyankaliumhaltigen oder sauerstofffreien Lösung.)

Wir wollen nun gleich bemerken, daß diese Tatsachen nicht nur für das Seeigelei gelten. Ganz ähnliche Verhältnisse finden sich beispielsweise bei der künstlichen Parthenogenese der Annelideneier (Polynoë) und der Seesterneier. Hier genügt jedoch die Hervorrufung der künstlichen Membranbildung oft, um einzelnen Eiern auch bei Zimmertemperatur die Entwicklung zu Larven zu gestatten. Aber die Zahl der sich zu Larven entwickelnden Eier wird erhöht und der Typus der Furchnng verbessert, wenn man die Eier hinterher mit einer der vorhin erwähnten Methoden nachbehandelt. Die Versuche an Anneliden und Seesternen bestätigen also, daß die Hervorrufung der Membranbildung die wesentliche Änderung im Ei bei der formativen Reizung ist, und daß die Nachbehandlung desselben mit der hypertonischen Lösung oder mit der sauerstofffreien Lösung nur als Korrektiv wirkt; wahrscheinlich um eine mit der Membranbildung hervorgerufene schädliche Nebenwirkung zu beseitigen.

III.

Wir wollen nunmehr versuchen in den Mechanismus der Wirkungsweise dieser beiden Agenzien einzudringen. Wie kann die Fettsäure die Membranbildung veranlassen? Um zu einer Entscheidung in dieser Frage zu gelangen, sehen wir uns danach um, ob es andere Agenzien gibt, welche ähnlich wirken wie die Fettsäuren. Es stellte sich in meinen Versuchen heraus, daß alle Agenzien, welche die Zytolyse hervorrufen, auch die Membranbildung hervorrufen, nämlich erstens die spezifisch zytolytischen Mittel, wie Saponin, Solanin, Digitalin, gallensaure Salze und Seifen. Bei Versuchen mit diesen Agenzien, namentlich mit Saponin, Solanin und Digitalin stellte sich ein merkwürdiges Resultat heraus. Nach kurzer Einwirkung einer schwachen Lösung von Saponin in Seewasser beobachtet man zuerst den Eintritt einer Membranbildung bei den Eiern. Dann tritt eine Pause von mehreren Minuten ein und nach dieser Pause erfolgt eine ziemlich plötzliche Zytolyse des Eies. Wenn man während der Pause, also nach der Membranbildung, aber vor der Zytolyse des Eies das letztere aus der Saponinlösung nimmt und es durch wiederholtes Waschen mit Seewasser von den letzten Spuren von Saponin befreit, so benimmt es sich genau so, als ob man bei ihm die Membranbildung mit Buttersäure hervorgerufen hätte. So behandelte Eier fangen an, sich zu entwickeln, bringen es aber bei Zimmertemperatur nicht über die erste Kernteilung. Behandelt man aber die Eier noch etwa eine halbe Stunde mit hypertonischem Seewasser, so können sie sich zu normalen Pluteen, d. h. skeletthaltigen Larven entwickeln.

Die zweite Gruppe von zytolytischen Agenzien wird gebildet von den spezifisch fettlösenden Kohlenwasserstoffen, wie Amylen, Benzol, Toluol und in viel schwächerem Maße von Chloroform usw. Für Chloroform hatte schon Hertwig beobachtet, daß es die Membranbildung hervorruft und für Benzol und Toluol hatte Herbst dasselbe beobachtet.[1]) Aber diese Mittel wirken so stürmisch, daß auf die Membranbildung die Zytolyse des Eies fast unmittelbar folgt. Ich habe mich aber davon überzeugen können, daß, wenn man Amylen oder Benzol nur einen Augenblick wirken läßt und dann die Eier in normales Seewasser überträgt, man bei einigen derselben eine Membranbildung ohne nachfolgende Zytolyse erhalten kann. Solche Eier konnten dann ebenfalls durch Nachbehandlung mit hypertonischem Seewasser zur Entwicklung gebracht werden. Eine weitere Gruppe von zytolytischen Mitteln sind Äther und Alkohole. Auch bei diesen Mitteln ist die Membranbildung ein Übergangsstadium, welches der Zytolyse vorausgeht. Auch hier kann man, wenn man die Eier nach der Membranbildung rasch genug aus der Lösung entfernt, die Zytolyse vermeiden.

Auch Basen können Membranbildung hervorrufen, aber ihre Wirkung ist eine sehr langsame und dieselbe ist an die Gegenwart von freiem Sauerstoff gebunden. Man gewinnt den Eindruck, als ob das Alkali hier nur als Oxydationsbeschleuniger wirke und als ob ein Oxydationsprodukt die eigentliche Ursache der Membranbildung sei. Die Membranbildung wird gewöhnlich erst deutlich, wenn man die Eier hinterher eine kurze Zeit mit einer hypertonischen Lösung behandelt; was ja ohnedies nötig ist, um dieselben zur Entwicklung bei Zimmertemperatur zu veranlassen.

Auch eine Temperaturerhöhung hat bekanntlich eine zytolytische Wirkung. Ich habe nun beobachtet, daß bei 34° oder 35° C Seeigeleier oft, aber nicht immer, eine Befruchtungsmembran bilden. Diese Temperatur tötet aber die Eier von Strongylocentrotus purpuratus fast

---

[1]) Die Membranbildung hielt man immer für einen sehr nebensächlichen Vorgang, und so wurde diese Erscheinung weder von Hertwig noch von Herbst weiter verfolgt.

augenblicklich, so daß solche Eier nach der Membranbildung sich nicht mehr entwickeln können. Beim Ei des Seesterns Asterias forbesii, dessen Protoplasma nicht so rasch getötet wird, konnte R. Lillie durch Temperaturerhöhung eine Membranbildung hervorrufen, woraufhin die Eier sich entwickelten. Daß eine länger einwirkende Temperaturerhöhung die Eier von Strongylocentrotus zur Zytolyse oder Schattenbildung veranlaßt, hat v. Knaffl gezeigt.

Wir sehen also erstens, daß alle Mittel, welche zytolytisch wirken, auch die Membranbildung im Ei hervorrufen, während Mittel, welche nicht zytolytisch wirken, auch keine Membranbildung bedingen. Zweitens finden wir, daß die membranbildende Wirkung der verschiedenen Agenzien parallel verläuft mit ihrer zytolytischen Wirksamkeit.

Daraus ziehen wir den Schluß, daß die Membranbildung auf einer Zytolyse der Oberfläche des Eies beruht. Wir werden später sehen, daß wir zwischen einer Rindenschicht und einer Markschicht des Zytoplasmas beim Ei unterscheiden müssen. Die Rindenschicht, welche unter der Oberflächenlamelle des Eies liegt, ist sehr dünn, während die Markschicht das gesamte Zytoplasma umfaßt, mit Ausnahme vielleicht der unmittelbaren Umgebung des Kerns. Das Wesen der Entwicklungserregung beruht demnach auf einer Zytolyse der Rindenschicht, und diese Zytolyse der Rindenschicht ist die wesentliche Änderung, welche das Ei bei der formativen Reizung durch das Spermatozoon erleidet.

IV.

Wir haben schon erwähnt, daß die der Membranbildung zugrunde liegende Zytolyse der Rindenschicht des Eies die Entwicklung zwar anregt, daß aber das Ei nach dieser Membranbildung meist kränkelt. Um unsere Ideen vorläufig zu fixieren, nehmen wir an, daß bei der Membranbildung ein Stoff entsteht, der erst beseitigt oder zerstört werden muß, ehe das Ei sich normal entwickeln kann. Erlauben wir dem Ei seinen Entwicklungsgang zu beginnen während es noch diese hypothetische schädliche Substanz in genügender Menge enthält, so kränkelt es und geht vorzeitig zugrunde. Die Beseitigung dieser schädlichen hypothetischen Substanz kann auf zwei Weisen vor sich gehen; erstens indem wir das Ei kurze Zeit mit hypertonischer Lösung behandeln. Es fehlte, als ich diese Tatsache fand, jeder Anhaltspunkt und jede Analogie in der Physiologie, die uns erlaubte, auf die physiologische Wirkung einer hypertonischen Lösung einen Schluß zu ziehen. Es gelang mir aber nachzuweisen, daß eine solche Lösung bei der künstlichen Parthenogenese nur dann wirksam ist, wenn sie freien Sauerstoff enthält. Entzieht man der hypertonischen Lösung den Sauerstoff, so bleibt sie wirkungslos. Sie bleibt ebenfalls wirkungslos, wenn man ihr etwas Zyankalium zusetzt. Letzteres hemmt, wie bekannt, die Oxydationsvorgänge in der Zelle. Diese Tatsachen beweisen, daß die hypertonische Lösung in diesen Versuchen nur durch eine Modifikation der Oxydationsvorgänge im Ei wirkt, und zwar vermutlich durch eine Beschleunigung derselben. Otto Warburg hat nämlich gezeigt, daß die Erhöhung der Konzentration des Seewassers die Oxydationen im Ei auf etwa das zehnfache zu steigern imstande ist. Es wäre denkbar, daß durch die hypertonische Lösung die aktive Masse der Oxydasen oder der Peroxyde im Ei vermehrt wird, oder auch vielleicht, daß die Hydroxylionen, welche die Oxydation beschleunigen, für diesen Zweck in irgendeiner Weise wirksamer werden. Wir würden uns alsdann vorstellen können, daß die hypertonische Lösung die Eier nach der Membranbildung dadurch vor dem Untergange rettet, daß sie die bei der Membranbildung entstandene oder vorhandene giftige Substanz durch Oxydation rasch unschädlich macht.

Die zweite Methode, dem Ei nach der Membranbildung das Leben zu retten, besteht darin, daß man dasselbe nach der Membranbildung etwa drei Stunden lang in sauerstofffreies oder sauerstoffarmes Seewasser bringt, oder daß wir durch Zusatz von etwas Zyankalium zu dem Seewasser die Oxydationen im Ei unterdrücken. Wenn die Eier nach dieser Zeit in normales Seewasser übertragen werden, so vermögen sie sich bei genügender Sauerstoffzufuhr normal zu entwickeln. Wie ich früher gezeigt habe, hemmt die Sauerstoffentziehung oder die Unterdrückung der Oxydationsvorgänge im Ei durch Zyankalium die Vorgänge der Kernteilung sowohl wie der Zellteilung. Allein in einem solchen Ei finden wahrscheinlich noch Hydrolysen statt. Man kann sich nun vorstellen, daß diese Hydrolysen ebenfalls imstande sind, den hypothetischen schädlichen Stoff, der das Kränkeln der Eier nach der Membranbildung bedingt, zu zerstören. Das aber erfordert längere Zeit als die Zerstörung desselben Stoffes durch eine kräftige Oxydationssteigerung. Hemmt man nun die Oxydation im Ei nach der Membranbildung so lange, bis dieser schädliche Stoff durch Hydrolyse zerstört ist, so kann sich das Ei nunmehr normal entwickeln, wenn man den Sauerstoff wieder zuläßt.

V.

Bisher haben wir nur von der künstlichen Parthenogenese gesprochen. Wir kommen nun zu der Entwicklungserregung des Eies durch das Spermatozoon. Ist der formative Reiz bei der Entwicklungserregung durch das Spermatozoon von derselben Art wie bei der künstlichen Parthenogenese? Das ist der Fall. Es gelingt nämlich auch für das Spermatozoon nachzuweisen, daß es die normale Entwicklung des Eies durch mindestens zwei Stoffe hervorruft, und daß der eine dieser Stoffe wie die Buttersäure oder das Saponin bei der künstlichen Parthenogenese wirkt, indem er nämlich die Zytolyse der dünnen Rindenschicht des Eies bedingt; während die zweite Substanz ähnlich wirkt wie die hypertonische Lösung. Die Richtigkeit für diese Annahme wird dadurch bewiesen, daß es mir gelungen ist, diese beiden Wirkungen des Spermatozoons zu trennen. Wenn man diese Trennung der beiden Agenzien im Spermatozoon bewirken will, so darf man nicht die Spermatozoen derselben Art benutzen, von der das Ei stammt; denn in diesem Falle dringt das Spermatozoon sofort in das Ei ein, sobald es nur die Oberfläche desselben berührt. Dabei kommen aber immer beide Stoffe des Spermatozoons zur Geltung, der zytolytisch wirkende und der korrigierende (oxydierende?). Ganz anders aber verlaufen die Versuche, wenn wir die Spermatozoen einer fremden Art, z. B. des Seesterns, auf das Ei des Seeigels wirken lassen. Unter gewöhnlichen Umständen wird das Seeigelei nicht durch Seesternsamen zur Entwicklung angeregt; wohl aber gelingt das, wenn man das Seewasser durch Zusatz von etwas Natronlauge alkalischer macht. Setzt man 0,6 ccm n/10 NaHO zu 50 ccm Seewasser, so bilden in einer solchen Mischung alle Eier des Seeigels Strongylocentrotus purpuratus Membranen, wenn man nur eine Spur lebenden Samens eines Seesterns (Asterias ochracea) zusetzt. Aber es dauert geraume Zeit, meist 10 bis 50 Minuten, bis diese Membranbildung auf den Zusatz des Samens hin stattfindet, während beim Zusatz von Seeigelsamen die Membranbildung schon nach etwa einer Minute stattfindet.

Überträgt man nun die Seeigeleier, welche auf Zusatz von lebendem Seesternsamen Membranen gebildet haben, wieder in normales Seewasser und verfolgt man ihr weiteres Schicksal, so erkennt man bald, daß man es mit zwei Gruppen von Eiern zu tun hat. Die eine Gruppe von Eiern benimmt sich genau so, als ob nur eins der beiden Agenzien, nämlich das zytolytische, eingewirkt hätte. Diese

Eier zeigen bei Zimmertemperatur nur den Anfang der Kernteilung und zerfallen dann, während sie bei niedrigerer Temperatur sich etwas weiter entwickeln können. Behandelt man sie aber nach der Membranbildung durch Seesternsamen etwa 30 bis 50 Minuten lang mit einer hypertonischen Lösung, so entwickeln sie sich alle auch bei Zimmertemperatur zu normalen Larven. Die anderen Eier entwickeln sich von vornherein bei Zimmertemperatur zu normalen Larven. Was bedingt den Unterschied im Verhalten dieser beiden Gruppen von Eiern? Darüber gibt die histologische Untersuchung derselben Auskunft. Mein Assistent, Herr Elder, hat nämlich gefunden, daß in die Eier, welche nach Zusatz von Seesternsamen sich von vornherein normal entwickeln, ein Spermatozoon eingedrungen ist, während die Eier, welche sich so benehmen, als ob bei ihnen nur eine künstliche Membranbildung stattgefunden hätte, kein Spermatozoon enthalten.

Dieses Verhalten der Eier unter dem Einfluß fremden Samens ist verständlich unter der Annahme, daß das Spermatozoon die Entwicklungserregung des Eies ebenfalls durch zwei Agenzien bewirkt; eines dieser Agenzien ist eine zytolytisch wirkende Substanz, ein sogenanntes Lysin. Dieses Agens ist vermutlich an der Oberfläche des Spermatozoons gelegen. Das Lysin des Spermatozoons ruft nur die Membranbildung beim Ei hervor, und es wirkt genau so wie die Buttersäurebehandlung bei der künstlichen Parthenogenese. Das zweite Agens liegt im Innern des Spermatozoons, und es wirkt ähnlich wie die hypertonische Lösung bei der künstlichen Parthenogenese. Möglicherweise ist dieses Agens eine Oxydase oder eine oxydationsbeschleunigende Substanz. Nur wenn das Spermatozoon in das Ei eindringt, kommt es zur normalen Entwicklung, weil nur in diesem Falle beide Agenzien, das zytolytische und das korrektive in das Ei eindringen. Nun haben wir bereits erwähnt, daß die artfremden Spermatozoen sich nur langsam in das Seeigelei einbohren. Wenn ein Seesternspermatozoon längere Zeit an der Oberfläche des Seeigeleies haftet, ohne jedoch eindringen zu können, so kann sich genug von dem an der Oberfläche des Spermatozoons haftenden Lysin im Ei lösen, um die Zytolyse der Rindenschicht hervorzurufen, welche die Membranbildung zur Folge hat. Solche Eier erhalten vom Spermatozoon also nur das Lysin, und sie benehmen sich deshalb genau so, als ob man bei ihnen nur die Membranbildung mittelst Buttersäure hervorgerufen hätte.

Bei den Eiern von Strongylocentrotus purpuratus kann man die Membranbildung im allgemeinen nur mit dem lebenden Seesternsamen hervorrufen, während der Extrakt von totem Seesternsamen in derselben Konzentration wirkungslos ist. Diese Tatsache ist von Wert, um den Verdacht abzuweisen, daß es sich bei der erwähnten Membranbildung um die Wirkung von Seesternserum handle, das dem Samen beigemengt war.

Daß aber in der Tat sich vom Samen ein Lysin in der Weise abtrennen läßt, wie wir das vorhin vorausgesetzt haben, läßt sich bei einer anderen Seeigelart zeigen, deren Eier besonders empfindlich sind, nämlich Strongylocentrotus franciscanus. Bei diesen Eiern kann man die Membranbildung auch mit dem sehr verdünnten Extrakt von Seesternsamen hervorrufen, den man durch längeres Erhitzen auf 60° getötet hat. Solche Eier können durch nachträgliche kurze Behandlung mit hypertonischem Seewasser zur Entwicklung zu Pluteen veranlaßt werden. Statt Seesternsamen kann man auch den Samen anderer fremden Tierarten verwenden. Ich habe die Membranbildung beim Seeigelei mit dem lebenden Samen von Haifischen und sogar von Hähnen hervorgerufen. Solche Eier benehmen sich genau so, als ob nur die Membranbildung mit Buttersäure stattgefunden hätte. Bei Zimmertemperatur fangen sie an sich zu entwickeln, aber sie kränkeln und gehen früh zugrunde. Behandelt man sie aber hinterher mit hypertonischer Lösung, so entwickeln sie sich zu normalen Pluteen. In diesem Falle trat nur das Lysin des Spermatozoons ins Ei ein, nicht aber das Spermatozoon selbst. Deshalb war es nötig, solche Eier hinterher noch mit hypertonischem Seewasser zu behandeln, wenn man sie bei Zimmertemperatur zur normalen Entwicklung veranlassen wollte.

VI.

Die Idee, daß ein im Spermatozoon enthaltenes Lysin den formativen Reiz bildet, der das Ei zur Entwicklung anregt, läßt sich einer Prüfung unterziehen. Wir wissen, daß Blut Lysin enthält, welche die Blutkörperchen fremder Tierarten zerstören, während sie für die Zellen der eigenen Art wirkungslos sind. Wenn nun die Idee richtig ist, daß der formative Reiz des Spermatozoons oder wenigstens diejenige Substanz desselben, welche die Membranbildung hervorruft, ein im Spermatozoon enthaltenes Lysin ist, so sollte es auch gelingen, die Membranbildung beim unbefruchteten Seeigelei durch artfremdes Blut hervorzurufen. Das ist nun auch tatsächlich der Fall. Ich habe schon vor drei Jahren zeigen können, daß das Blut von gewissen Würmern, nämlich den Sipunculiden, die Membranbildung im Seeigelei selbst noch bei tausendfacher und noch größerer Verdünnung mit Seewasser hervorruft. Freilich findet diese Membranbildung nicht bei den Eiern jedes Seeigelweibchens statt, sondern nur bei den Eiern von etwa 20 Proz. der Weibchen. Es handelt sich hier lediglich nur um Unterschiede in der Durchlässigkeit der Eier für die Lysine, und der Grad der Durchlässigkeit scheint für die Eier verschiedener Weibchen ein klein wenig zu variieren.

Anstatt viel Zeit auf die Untersuchung der Wirkungen des Blutes von wirbellosen Tieren zu verwenden, unternahm ich gleich die Untersuchung der Wirkung des Blutserums von Warmblütern. Es gelang mir, mit dem Serum von Ochsen, Schafen, Schweinen und Kaninchen bei den Eiern des Seeigels die Bildung von Befruchtungsmembranen hervorzurufen; und solche Eier verhielten sich genau so, als ob man bei ihnen durch Behandlung mit dem lebenden Samen des Haifisches oder des Hahnes oder mit Buttersäure die Membranbildung hervorgerufen hätte. Sie fingen an sich zu entwickeln, aber bei Zimmertemparatur kränkelten sie und gingen alsbald zugrunde. Behandelte man sie aber nach der Membranbildung kurze Zeit mit der hypertonischen Lösung, so entwickelten sie sich auch bei Zimmertemperatur. Das Blut enthält das entwicklungserregende Lysin, aber nicht den zweiten im Samen enthaltenen Stoff, der für die volle Entwicklung nötig ist. Es ist daher erforderlich, dessen Wirkung durch die Behandlung mit hypertonischem Seewasser zu ersetzen, wenn man nach der Hervorrufung der Membranbildung mit Blutserum eine normale Entwicklung des Eies erzielen will.

Das im Blute enthaltene Lysin ist wie das des Spermatozoons relativ hitzebeständig. Längeres Erwärmen auf $60°$ bis $65°$ vermindert die membranbildende Kraft des Blutes nicht. Merkwürdig ist die Tatsache, daß Zusatz von Strontiumchlorid die membranbildende Wirksamkeit des Blutes erhöht, während Zusatz von Kalzium und Magnesium dieselbe vermindert.

Nicht nur das Blut, sondern auch die Extrakte von Organen fremder Tiere bedingen die Membranbildung beim Seeigelei. Ganz besonders wirksam erwies sich der Extrakt der Leber des Seesterns.

Wir haben schon erwähnt, daß der Extrakt toten Samens fremder Tiere, z. B. des Seesterns, der Mollusken, der Würmer, der Haifische, des Hahns in beträchtlicher Verdünnung bei den Eiern des Seeigels Strongylocentrotus franciscanus die Membranbildung veranlaßt. Versucht man nun, dieselbe Wirkung mit dem toten Samen der eigenen Art zu erhalten, so fallen die Resultate negativ aus. Ebenfalls erhält man auch negative Resultate mit dem Extrakt von Organen der eigenen Art, obwohl ich hierüber noch nicht so viele Versuche angestellt habe wie mit dem Extrakt des Samens der eigenen Art. Was bedingt diese Unterschiede in der Wirkung der eigenen und der fremden Lysine? Wir wissen, daß die Lysine unseres Blutes unsere Zellen nicht schädigen, während sie die Zellen fremder Tierarten schädigen. Es besteht also eine Immunität der Eier wie aller übriger Zellen gegen die Lysine des Blutes oder der Organextrakte. Wir können vielleicht diese Versuche benutzen, um etwas mehr über die Natur dieser Immunität auszusagen. Wenn die in unserem Blute enthaltenen Lysine unsere Zellen nicht schädigen, so liegt das an einem der beiden folgenden Unstände: Entweder können die Lysine unseres Blutes nicht in unsere Zellen eindringen, während sie in die Zellen fremder Tierarten diffundieren können; oder aber unsere Zellen enthalten Antikörper gegen unsere Lysine, welche den Zellen fremder Tiere fehlen. Wir können in bezug auf die Lysine des Blutes nicht entscheiden, welche dieser beiden Möglichkeiten zutrifft. Wohl aber ist eine Entscheidung dieser Frage möglich für die Lysine der Spermatozoen. Der Extrakt des Seeigelsamens ist wirkungslos für die Eier des Seeigels, aber nur deshalb, weil er (wenigstens nach meinen bisherigen Versuchen) nicht durch physikalische Diffusion in diese Eier gelangen kann. Denn wenn das Lysin durch ein Seeigelspermatozoon ins Seeigelei gebracht wird, so wirkt das Lysin sofort und ist vielleicht wirksamer als das Lysin fremder Tierarten. Wäre im Seeigelei ein Antilysin gegen das Lysin des Seeigelsamens enthalten, so dürfte ja der Seeigelsamen, wenn er ins Ei eindringt, keine Membranbildung hervorrufen.

Wir verstehen nunmehr die sonst paradoxe Tatsache, daß es mit artfremdem Samen auf zwei Weisen möglich ist, die Membranbildung und damit die Entwicklung im

Seeigelei anzuregen. Nämlich erstens durch den lebenden Samen und zweitens durch den Extrakt des toten Samens; während der Same der eigenen Art nur dann die Membranbildung anzuregen vermag, wenn die Samenfäden am Leben sind und in das Ei eindringen. Wir verstehen jetzt auch die schon früher erwähnte Tatsache, daß alle meine älteren Versuche, die Entwicklung des Eies durch Samenextrakt anzuregen, fehlgeschlagen sind, weil ich anfangs begreiflicherweise stets Extrakte des eigenen Samens anwendete. Die im Extrakt enthaltenen Lysine der eigenen Art konnte eben nicht in das Ei eindringen.[1])

Die weitere Aufklärung über die Natur der Immunität der Eizelle gegen die gelösten Lysine des eigenen Blutes oder Samens ist also von einer Untersuchung über die hier vorliegende spezifische Undurchgängigkeit des Eies gegen die Lysine des eigenen Körpers zu erwarten. Es wäre von Interesse, wenn sich das bei der Eizelle beobachtete Resultat auch für die Immunität der Körperzellen gegen die Lysine des eigenen Körpers bewähren würde.

Wir können demnach wohl behaupten, daß die entwicklungserregende Substanz des Spermatozoons ein Lysin sei, und wir dürfen damit auch die Vermutung aussprechen,

---

[1]) Winkler hatte behauptet, daß er mit dem Extrakt von Seeigelsamen gelegentlich eine oder zwei Zellenteilungen des Seeigeleies hervorgerufen habe. Eine Membranbildung fand in diesen Versuchen nicht statt. Ich habe schon wiederholt darauf hingewiesen, daß diese von Winkler nur gelegentlich beobachteten positiven Ergebnisse nicht durch den Samenextrakt bedingt waren, sondern durch die Änderung des Seewassers, die er gleichzeitig vorgenommen hatte. Er benutzte nämlich Seewasser, das er vorher eingedampft hatte und dann angeblich wieder auf die ursprüngliche Konzentration zurückgebracht hatte. Solches Seewasser hat aber infolge der Kohlensäureaustreibung einen höheren Grad von Alkalinität als das normale Seewasser. Die von Winkler beobachteten Zellteilungen werden aber, wie ich schon in einer meiner ersten Abhandlungen über diesen Gegenstand mitgeteilt habe, durch hyperalkalisches Seewasser hervorgerufen. Vielleicht war auch sein Seewasser leicht hypertonisch.

daß die Gruppe der Lysine, welche wir bisher nur als Schutzstoffe unseres Körpers gegen Bakterien gekannt haben, eine große physiologische Rolle im Mechanismus der Lebenserscheinungen spielen. Unsere Theorie der Entwicklungserregung des Eies durch ein Spermatozoon wollen wir als die Lysintheorie bezeichnen; womit wir andeuten, daß der Anstoß zur Entwicklung von einem im Spermatozoon enthaltenen Lysin ausgeht. Bei der künstlichen Parthenogenese ersetzen wir das natürliche Lysin durch ein zytolytisches Agens. Außer der Lysinwirkung ist aber, wie wir schon wiederholt betont haben, für die normale Entwicklungserregung noch ein zweiter, korrektiver Eingriff nötig, der in unseren Versuchen durch die hypertonische Lösung ausgeübt wird, oder durch eine länger andauernde Sauerstoffentziehung.

VII.

Wenn man die Versuche über künstliche Parthenogenese über die Eier sehr verschiedener Tierarten ausdehnt, so bemerkt man bald, daß die Eier verschiedener Tierformen eine ganz verschiedene Tendenz besitzen, sich parthenogenetisch zur Entwicklung zu bringen. Es gibt Eier, die sehr leicht zur Entwicklung veranlaßt werden, so leicht, daß sie den Experimentator in Verlegenheit setzen, weil er nie weiß, ob das von ihm benutzte Agens die Ursache der Entwicklung ist, oder ob hierfür irgendein geringfügiger unbeachteter Nebenumstand, oder eine Veränderung im Ei selbst verantwortlich ist. Dahin gehören beispielsweise die Eier des Seidenspinners, des Seesterns und gewisser Anneliden. Wenn man mit Seesterneiern arbeitet, so kann man beobachten, daß sich gelegentlich einige derselben ohne jede nachweisbare äußere Ursache (in normalem Seewasser) zu schwimmenden Larven entwickeln. Den geraden Gegensatz zu solchen Eiern bilden die von mir gewöhnlich benutzten Eier des kalifornischen Seeigels Strongylocentrotus purpuratus, die überhaupt nie eine Tendenz zeigen, sich parthenogenetisch zu furchen, und die sich nur durch die geschilderte sehr spezielle Methode unter Einhaltung genauer quantitativer Verhältnisse zur parthenogenetischen Entwicklung bringen lassen. Aus diesem Grunde benutzte ich gerade diese Eier für meine Versuche zur Feststellung der Natur der Entwicklungserregung, weil ich hier sicher sein konnte, daß derselbe Eingriff auch jedesmal dasselbe Resultat gab; während man beispielsweise bei den Seesterneiern nie völlig sicher sein kann, ob nicht irgendein innerer Umstand im Ei oder ein übersehener geringfügiger Nebenumstand dieses oder jenes Ei zur Entwicklung veranlaßte. Obwohl aber Eier mit so hoher Tendenz zu spontaner Entwicklung wie die Seesterneier nicht geeignet sind zu endgültigen Versuchen über die Natur der Entwicklungserregung, so gewinnen sie doch für die weitere Forschung eine große Bedeutung; sobald wir nämlich die Frage aufwerfen, wie es kommt, daß das Seesternei sich „spontan" entwickelt, das Seeigelei (Strongylocentrotus purpuratus) aber nur unter dem Einfluß sehr spezifizierter Eingriffe.

Mathews hat beobachtet, daß man durch leichtes Schütteln die Zahl der Seesterneier, die sich „spontan" parthenogenetisch entwickeln, vermehren kann. Ich fand etwas Ähnliches bei den Eiern von Amphitrite, einer Annelide. Bei den Eiern des Seeigels ist es weder mir noch andern gelungen, jemals ein solches Resultat zu erzielen. Ich bin aber überzeugt, daß, wenn man einen Seeigel fände, dessen Eier eine größere Tendenz besitzen, sich spontan zu entwickeln, es sich auch herausstellen würde, daß die Zahl der sich spontan entwickelnden Eier durch Schütteln derselben vermehrt würde.

Ich versuchte nun, ob man auch die Eier mechanisch zur Zytolyse bringen kann. Drückt man nur leicht mit dem Finger auf das Ovarium eines Seesterns, so findet man, daß viele der Eier, die nachher aus dem Ovarium austreten, zytolysiert sind. Um ein Platzen der Eimembran handelt es sich dabei nicht; im Gegenteil, bei dieser wie bei jeder anderen Form von Zytolyse geht der letzteren die Bildung der Befruchtungsmembran voraus, und diese Membran bleibt auch bei den durch Druck zur Zytolyse veranlaßten Sterneiern intakt. Beim Seeigelei kann man aber durch solchen leichten Druck keine Zytolyse hervorrufen. Die Eier des Seesterns, welche sich spontan entwickeln, bilden vorher eine Membran. Auch durch Schütteln werden die Eier des Seesterns nur dann zur Entwicklung veranlaßt, wenn das Schütteln eine Membranbildung hervorruft. Die größere Tendenz der Seesterneier, sich spontan oder durch Schütteln zu entwickeln, beruht also auf der größeren Leichtigkeit, mit der dieses Ei zur Membranbildung oder zur Zytolyse veranlaßt werden kann.

Wie kann aber bloßes Schütteln oder bloßer Druck die Membranbildung resp. Zytolyse hervorrufen? Es scheint mir, daß diese Tatsache sich am leichtesten verstehen läßt unter der Annahme, daß das Zytoplasma eine Emulsion ist, eine Annahme, die bekanntlich von Bütschli gemacht und gut gestützt worden ist; und daß die Membranbildung sowohl wie die Zytolyse auf der Zerstörung dieser Emulsion beruht. Wir wissen, daß verschiedene Emulsionen einen verschiedenen Grad der Haltbarkeit besitzen. Die Eier, welche auf Druck leicht der Zytolyse verfallen, besitzen eine Emulsion, welche einen geringeren Grad der Haltbarkeit besitzt als die Emulsionen derjenigen Eier, welche durch denselben leichten Druck nicht zur Zytolyse veranlaßt werden können. Nehmen wir an, daß die Membranbildung wie die Zytolyse von der Zerstörung einer Emulsion abhängen; dann handelt es sich bei der Membranbildung um die Zerstörung derjenigen Emulsion, welche die dünne Rindenschicht des Eies bildet, bei der Zytolyse um Zerstörung der gesamten Zytoplasmaemulsion. Das Lysin des Spermatozoons zerstört nur die Emulsion in der Rindenschicht des Eies und regt dadurch die Entwicklung des letzteren an. Die größere Tendenz zur spontanen Entwicklung bei den Eiern gewisser Tierformen hängt alsdann mit der relativ geringen Haltbarkeit der Zytoplasmaemulsionen ihrer Eier zusammen, namentlich der geringen Haltbarkeit der Emulsion in der Rindenschicht des Zytoplasmas. Die Annahme, daß es sich bei der Zytolyse resp. Membranbildung um die Zerstörung einer Emulsion handele, ist gewissermaßen nur in Parenthese hier zugefügt; sie ist weder unerläßlich noch überhaupt wesentlich für die Lysintheorie der Entwicklungserregung.

VIII.

Die Annahme, daß die Membranbildung nur eine oberflächliche Zytolyse sei, hat zur Voraussetzung, daß die Rindenschicht des Zytoplasmas verschieden sei von dem Rest des Zytoplasmas, den wir als Markschicht bezeichnen wollen. Eine solche Annahme hat schon Bütschli auf Grund seiner mikroskopischen Befunde gemacht. Ich muß mich dieser Ansicht anschließen, und zwar auf Grund meiner Beobachtungen über die Wirkung von zytolytischen Agenzien auf das Ei. Die Wirkung dieser Agenzien verläuft nämlich beim Ei stets in zwei Etappen, die oft durch einen erheblichen Zeitraum voneinander getrennt sind. Die erste Etappe ist die Zytolyse der Oberflächenschicht, die zweite Etappe ist die Zytolyse des gesamten Restes. Am deutlichsten wird das bei Versuchen mit schwachen Lösungen von Saponin, Solanin und Digitalin in Seewasser. Man beobachtet alsdann zuerst eine Membranbildung, dann tritt eine Pause, oft von mehreren Minuten, ein und dann erst tritt die Zytolyse des Restes des Eies ein. Wendet man statt des Saponins Benzol an, so läßt sich ebenfalls noch nachweisen, daß zwischen der Membranbildung und der Zytolyse eine Pause liegt. Aber diess Pause ist kurz, nur ein Bruchteil einer Sekunde oder im besten Falle nur wenige Sekunden.

Es läßt sich aber auch sehr schlagend nachweisen,

daß die Rindenschicht des Zytoplasmas qualitativ etwas anders beschaffen ist als die Markschicht desselben. Wenn man zur Membranbildung die niederen Fettsäuren von der Ameisensäure bis zur Kapronsäure anwendet, so erhält man nur Zytolyse der Rindenschicht, d. h. nur eine Membranbildung, aber keine Zytolyse der Markschicht. Wendet man aber die höheren Fettsäuren derselben Reihe an, von der Heptylsäure an aufwärts, so erhält man stets eine Membranbildung, der aber nach einer kurzen Pause stets eine Zytolyse des gesamten Eies nachfolgt.

Auch die im Blut sowie die in den Spermatozoen enthaltenen Lysine wirken nach meiner bisherigen Erfahrung nur auf die Rindenschicht des Zytoplasmas, aber niemals auf die Markschicht desselben. Wir erhalten also stets eine Membranbildung und Entwicklungserregung, aber keine Zytolyse und keine Zerstörung des ganzen Eies durch diese Agenzien.

Gehen wir auf die Idee Bütschlis zurück, daß das Protoplasma die Struktur einer Emulsion habe, so kommen wir also zu der Ansicht, daß die Emulsion der Oberfläche des Eies, also der dünnen Rindenschicht, sich von derjenigen im Reste des Eies, der Markschicht, qualitativ unterscheidet. Im allgemeinen kann man sagen, daß alle Stoffe, welche die Emulsion der Markschicht zerstören, auch diejenige der Rindenschicht zerstören, aber nicht umgekehrt. So kommt es, daß eine Zytolyse der Rindenschicht möglich ist ohne eine Zytolyse des ganzen Eies.

IX.

Wie aber kann die Zytolyse der Rindenschicht des Eies zu einer Membranbildung führen? v. Knaffl hat die folgende Ansicht hierüber ausgesprochen: „Das Protoplasma ist reich an Lipoiden, es ist wahrscheinlich der Hauptsache nach eine Emulsion aus diesen und den Proteinen. Jeder physikalische und chemische Eingriff, der imstande ist, die Lipoide zu verflüssigen, ruft Zytolyse des Eies hervor. Das Protein des Eies kann nur dann wesentlich quellen oder sich lösen, wenn der Aggregatzustand der Lipoide durch chemische oder physikalische Agenzien verändert wurde. Der Mechanismus der Zytolyse besteht darin, daß die Lipoide verflüssigt werden, und hierauf das lipoidfreie Protein durch Wasseraufnahme quillt oder sich löst... Es bestätigt sich daher die Loebsche Ansicht, daß die Membranbildung durch Verflüssigung der Lipoide ausgelöst wird."

Diese Ansicht können wir mit einer geringen Modifikation, die sich auf die Natur der Emulsion bezieht, annehmen. Zu einer Emulsion sind nämlich nicht bloß zwei Substanzen oder Phasen nötig, wie v. Knaffl annimmt, sondern außerdem noch eine dritte Substanz; die dritte Substanz dient nämlich dazu, die Emulsion (der Theorie von Lord Rayleigh entsprechend) haltbar zu machen. Es handelt sich darum, daß die Tröpfchen der Emulsion durch eine dünne Schicht einer Substanz umhüllt werden, welche die Oberflächenspannung zwischen dem Tröpfchen und der zweiten Phase der Emulsion herabsetzt. Ich nehme nun an, daß nur diese umhüllende oder stabilisierende Substanz aus Lipoiden, insbesondere Cholesterin besteht. Die beiden Phasen aber, welche die Emulsion bilden, brauchen nicht Lipoide zu sein. Um unsere Ideen vorläufig zu fixieren, will ich voraussetzen, daß diese beiden Phasen erstens Eiweiß mit wenig Wasser und zweitens Wasser mit wenig Eiweiß sind. Die Existenz eines solchen Typus von Phasenverschiedenheit hat ja Hardy nachgewiesen. Die Emulsion an der Oberfläche des Eies besteht also dieser Hypothese zufolge aus einem System von wasserarmen Eiweißtröpfchen, die von einer stabilisierenden Lipoidschicht (Cholesterin und Lezithin) umgeben sind. Behandelt man das Seeigelei mit einem lipoidlösenden Stoffe, z. B. Benzol, so wird die stabilisierende Cholesterinschicht gelöst und das Eiweißkügelchen kann reichlich Wasser aufnehmen. Benützen wir Saponin, so wird dieselbe Schicht dadurch beseitigt, daß das Cholesterin vom Saponin gefällt wird. Diese Wasseraufnahme führt zur Abhebung der Oberflächenlamelle, welche das Ei kontinuierlich umgibt.

Über die Natur dieser Oberflächenlamelle wollen wir einige Bemerkungen hier einschieben, obwohl dieser Gegenstand streng genommen nicht zu unserem Thema gehört. Nach Overton und Koeppe sollte diese Lamelle aus einem Lipoid bestehen, und nach Koeppe soll die Zytolyse dadurch bedingt werden, daß diese Lamelle gelöst oder sonstwie zum Zerreißen gebracht wird. Diese Ansicht von Overton resp. Koeppe ist aber nachweisbar in allen Stücken, für das Ei wenigstens, unrichtig. Denn erstens besteht die bei der Membranbildung und der Zytolyse des Eies abgehobene Lamelle nicht aus einem Lipoid, sondern aus Eiweiß; da dieselbe, wie schon früher erwähnt, in allen lipoidlösenden Mitteln völlig intakt bleibt. Zweitens besteht die Zytolyse und Schattenbildung beim Ei nicht in einer Zerreißung dieser Membran, sondern einfach in einer Quellung gewisser kolloidaler Stoffe im Ei infolge einer Wasseraufnahme von außen. Die Oberflächenlamelle des Eies bleibt nämlich bei der Verwandlung des Eies in einen Schatten völlig intakt.[1])

X.

Wir wollen bei der Analyse der formativen Reizung nicht bloß die Natur der Reizursache kennen lernen, sondern auch die physikalisch-chemischen Änderungen, welche die Zelle bei der Reizung erleidet; und so mag ein Exkurs über den Mechanismus der Entstehung der Befruchtungs-

---

[1]) Miß Wulzen hat neuerdings in meinem Laboratorium gefunden, daß auch bei der Zytolyse von Paramaecien zuerst eine Abhebung der Oberflächenlamelle ähnlich wie beim Ei stattfindet. Diese Oberflächenlamelle ist aber bei Paramaecien viel zarter als beim Ei und kann deshalb leichter zerreißen. Bei diesem Zerreißen findet ein Ausfließen des Zytoplasmas statt.

membran gerechtfertigt sein. Da wir die Bildung der Befruchtungsmembran beim Seesternei durch leichtes Schütteln oder sogar durch bloßen Druck hervorrufen können, so muß dieselbe wohl im Ei präformiert sein, und es kann sich bei der Membranbildung nur um eine Abhebung einer schon präformierten Lamelle von dem darunterliegenden Zytoplasma infolge des Eindringens von Seewasser handeln. Aber bei dieser Abhebung erleidet die Lamelle eine Veränderung. In das unbefruchtete Ei kann ja selbstverständlich ein Spermatozoon eintreten; ist aber die Membran durch irgendein künstliches Mittel einmal abgehoben, so kann kein Spermatozoon mehr eindringen. Daß es lediglich die abgehobene Membran ist, welche nunmehr den Spermatozoen den Eintritt verwehrt (und nicht etwa eine Änderung am Zytoplasma), das geht daraus hervor, daß, wenn man die Membran zerreißt, die Spermatozoen wieder ins Ei dringen können. Es folgt also daraus, daß die Oberflächenlamelle des Eies ganz andere Eigenschaften hat, wenn sie dem Zytoplasma anliegt, als nachdem sie durch das eingedrungene Seewasser von dem Zytoplasma abgehoben und getrennt ist. Das dürfte vielleicht verständlich sein unter der Annahme, daß die Befruchtungsmembran, die ja sicher kein Lipoid, sondern zweifellos ein Eiweißkörper ist, in Berührung mit den Lipoiden oder anderen Stoffen des Zytoplasmas andere physikalische Eigenschaften hat als in Berührung mit Seewasser.

Wir haben nun im vorigen Abschnitt angenommen, daß die Membranbildung dadurch zustande kommt, daß infolge der Wirkung eines Lysins oder zytolytischen Agens eine in der Rindenschicht des Zytoplasmas gelegene kolloide Substanz sich mit Seewasser imbibiert und im letzteren löst. Diese Annahme hat zwei Voraussetzungen, nämlich, daß die Oberflächenlamelle des Eies für Seewasser und kristalloide Stoffe durchgängig, für kolloide Stoffe aber undurchgängig ist. Die Richtigkeit dieser Annahmen läßt sich beweisen. Fügt man dem Seewasser, in dem sich

Seeigeleier befinden, welche eine Befruchtungsmembran besitzen, eine gewisse Menge von gelöstem Hühnereiweiß oder Tannin oder Blutserum zu, so kollabiert die Membran und legt sich dem Zytoplasma dicht an; fast die gesamte Flüssigkeit, die zwischen der Membran und dem Zytoplasma lag, ist in das umgebende Seewasser diffundiert. Bringt man die Eier aber wieder in normales Seewasser zurück, so dringt das letztere wieder zwischen die Membran und das Zytoplasma ein, und die Befruchtungsmembran nimmt ihren früheren Abstand vom Zytoplasma und ihren früheren Spannungsgrad wieder ein. Die Membran ist also für die in Seewasser gelösten Kolloide undurchgängig.

Fügt man aber dem Seewasser Salze zu, oder verdünnt man das Seewasser durch Zusatz von destilliertem Wasser, so ändert sich die Spannung und der Durchmesser der Membran nicht. Das beweist, daß die Membran für Wasser und Salze, aber nicht für gelöste Kolloide durchgängig ist, und daß die Abhebung der Membran durch Imbibition und Lösung eines Kolloides bedingt ist.

Das durch Vermittlung der Lysinwirkung des Spermatozoons zur Imbibition und Lösung gebrachte Kolloid der Rindenschicht des Zytoplasmas übt also einen osmotischen Überdruck aus, und es muß so lange Seewasser von außen unter die Befruchtungslamelle des Eies eindringen, bis die Spannung dieser abgehobenen Lamelle, d. h. der Befruchtungsmembran dem osmotischen Überdruck das Gleichgewicht hält. Das erklärt auch, warum die Membran im allgemeinen eine Kugelform annimmt.

Wir können nun auch vermuten, wie es kommt, daß nicht in allen Eiern die Bildung einer so deutlichen Befruchtungsmembran, wie beim Seeigelei, bei der Befruchtung stattfindet. Das hängt vielleicht davon ab, daß in diesen Fällen die Imbibitionsfähigkeit des Kolloides erheblich beschränkt ist.

XI.

Wir besitzen nun ein ziemlich vollständiges Bild dessen, was das Ei erleidet, wenn es formativ gereizt, d. h. zur Entwicklung angeregt wird. Durch Vermittlung eines Lysins oder eines sonstigen zytolytischen Agens wird ein Stoff der Rindenschicht des Eies, vermutlich ein Lipoid, gelöst oder gefällt und damit ein Eiweißkörper imbibitionsfähig gemacht. Wie verschieden ist dieses Resultat von den Vermutungen, die man früher über die Wirkung des Spermatozoons aufstellte. Die meisten Autoren dachten wohl, daß das Spermatozoon die Entwicklung dadurch anrege, daß es ein Ferment ins Ei trage und daß dieses Ferment erst den Mechanismus der Entwicklung in Bewegung setze. Andere, welche mehr morphologisch und weniger chemisch dachten, sprachen die Meinung aus, daß das Wesentliche der Entwicklungserregung durch das Hereintragen eines Kerns (des Spermakerns) bedingt werde (Hertwig), oder daß das Ei sich nicht entwickeln könne, wenn nicht ein Zentrosom mittelst des Spermatozoons in dasselbe geführt würde. In Wirklichkeit genügt es, nur die künstliche Membranbildung beim unbefruchteten Seeigelei hervorzurufen, um nach 2 bis 3 Stunden die Bildung normaler Astrosphären und Spindeln in denselben zu beobachten. Daß auch das Aneinanderlegen oder Verschmelzen des Spermakerns und Eikerns mit der Entwicklungserregung nichts zu tun hat, ist durch die Tatsache der künstlichen Parthenogenese bewiesen.[1]) Aber auch die Fermenttheorie der Entwicklungserregung des Eies durch das Spermatozoon ist unrichtig. Wäre sie richtig, so sollte die Geschwindigkeit der Entwicklung des Eies erheblich beschleunigt, wenn nicht verdoppelt werden, wenn zwei Spermatozoen statt eines ins Ei eintreten; oder wenn man

---

[1]) Dagegen kann die Verschmelzung des Spermakerns und Eikerns sehr wohl etwas mit der Vererbung zu tun haben, obwohl wir über den Mechanismus dieses Vorganges vom chemisch-physikalischen Standpunkte aus einstweilen noch nichts wissen.

Samenbefruchtung und künstliche Parthenogenese im gleichen Ei superponiert. Davon ist aber keine Rede. In beiden Fällen tritt keine Verkürzung der Zeit ein, welche zwischen zwei aufeinanderfolgenden Furchungsperioden verfließt.

Die weitere Entwicklung dieses Gebietes wird sich vielmehr an die Frage knüpfen müssen, wie kann die Zytolyse der Rindenschicht des Zytoplasmas zur Entwicklung führen? Da an den Versuchen zur Beantwortung dieser Frage eben gearbeitet wird, so ist es überflüssig, sich hier in Vermutungen zu ergehen.[1])

XII.

Fassen wir unsere Befunde über die Entwicklungserregung oder formative Reizung des Eies kurz zusammen, so ergibt sich folgendes Bild:

Für die normale Entwicklungserregung genügt nicht ein einziger Eingriff, sondern es sind mindestens zwei Eingriffe erforderlich.

Der eine Eingriff besteht in der Zytolyse der sehr dünnen Rindenschicht des Zytoplasmas des Eies. Jedes Agens, welches diese Zytolyse hervorbringt, ohne die Zytolyse der mächtigeren Markschicht des Zytoplasmas zu veranlassen, wirkt entwicklungserregend. Das Spermatozoon sowie das Blut enthalten einen Stoff (Lysin), welcher nur die Zytolyse der Rindenschicht bewirkt. Auch die niederen Fettsäuren bis zur Kapronsäure bewirken nur die Zytolyse der Rindenschicht. Da die meisten zytolytischen Agenzien eine Zytolyse beider Schichten des Zytoplasmas bewirken, so sind sie für die Entwicklungserregung nur dann zu gebrauchen, wenn man die Eier ihrer Einwirkung nur so lange aussetzt, bis eben die Rindenschicht der Zytolyse verfallen ist, während die Markschicht noch unverletzt ist.

---

[1]) Ich mag vielleicht bemerken, daß man daran denken kann, ob nicht vielleicht die Zytolyse der Rindenschicht des Zytoplasmas die Diffusion des Sauerstoffs oder der Hydroxylionen resp. Basen oder sonstiger für die Entwicklung nötigen Stoffe ins Ei erleichtert.

Die Zytolyse der Rindenschicht hat oft, aber nicht immer, die Bildung einer Befruchtungsmembran zur Folge. Da alle zytolytischen Stoffe als lipoidlösend bekannt sind, so ist es wahrscheinlich, aber nicht bewiesen, daß der formative Reiz bei der Entwicklungserregung in einer Verflüssigung oder Fällung, oder einer sonstigen Veränderung der Lipoide der Rindenschicht des Eies besteht, wodurch eine Imbibition und Lösung eines kolloidalen Stoffes der Rindenschicht möglich wird. Hat das Zytoplasma die Struktur einer Emulsion, so könnten die Lipoide sehr wohl die umhüllende stabilisierende Substanz bilden, welche nötig ist, um nach der Theorie von Rayleigh der Emulsion Dauerhaftigkeit zu verleihen.

Die Zytolyse der Rindensubstanz des Eies regt dessen Entwicklung an, aber diese Entwicklung ist oft abnorm und kommt daher meist vorzeitig zum Stillstand. Um eine normalere und weitergehende Entwicklung zu ermöglichen, ist meist noch ein zweiter Eingriff nötig, der aber in seiner Wirkung noch nicht so deutlich zu übersehen ist wie der erstere. Es handelt sich um kurze Behandlung des Eies mit einer sauerstoffhaltigen hypertonischen Lösung oder einer längeren Entwicklungshemmung desselben in normalem Seewasser. Das Spermatozoon trägt neben dem Lysin noch eine zweite Substanz ins Ei, welche ähnlich wirkt, wie die hypertonische Lösung in unserer Methode der künstlichen Parthenogenese.

Soweit die Versuche über die Natur der Entwicklungserregung des Eies. Man wird wohl die Frage aufwerfen dürfen: Werden diese Einsichten einen Gewinn für die Pathologie bringen? Das muß die Zukunft entscheiden.

Von demselben Verfasser sind früher erschienen:

Der Heliotropismus der Tiere und seine Übereinstimmung mit dem Heliotropismus der Pflanzen. Würzburg 1890.

Untersuchungen zur physiologischen Morphologie der Tiere. I. Heteromorphose. II. Organbildung und Wachstum. Würzburg 1891 und 1892.

Einleitung in die vergleichende Gehirnphysiologie und die vergleichende Psychologie. Leipzig 1899.

Studies in General Physiology. 2 vols. Chicago 1906.

Vorlesungen über die Dynamik der Lebenserscheinungen. Leipzig 1906.

Untersuchungen über künstliche Parthenogenese. Übersetzt von E. Schwalbe. Leipzig 1906.

Die chemische Entwicklungserregung des tierischen Eies. (Künstliche Parthenogenese). Berlin 1909.

Die Bedeutung der Tropismen für die Psychologie. Vortrag. Leipzig 1909.

Verlag von Julius Springer in Berlin.

Die chemische Entwicklungserregung des tierischen Eies.

(Künstliche Parthenogenese)

Von

Jacques Loeb,
Professor der Physiologie an der University of California in Berkeley.

Mit 56 Textfiguren.

Preis M. 9,—, in Leinwand gebunden M. 10,—.

Seit Juni 1906 erscheint:

Biochemische Zeitschrift.

Beiträge zur chemischen Physiologie und Pathologie.

Herausgegeben von

E. Buchner-Berlin, P. Ehrlich-Frankfurt a. M., F. Hofmeister-Straßburg, C. von Noorden-Wien, E. Salkowski-Berlin, N. Zuntz-Berlin

unter Mitwirkung von

L. Asher-Bern, J. Bang-Lund, G. Bertrand-Paris, A. Bickel-Berlin, F. Blumenthal-Berlin, Chr. Bohr-Kopenhagen, A. Bonanni-Rom, F. Bottazzi-Neapel, G. Bredig-Heidelberg, A. Durig-Wien, F. Ehrlich-Berlin, G. Embden-Frankfurt a. M., S. Flexner-New York, S. Fränkel-Wien, E. Freund-Wien, U. Friedemann-Berlin, E. Friedmann-Berlin, O. v. Fürth-Wien, G. Galeotti-Neapel, H. J. Hamburger-Groningen, A. Heffter-Berlin, V. Henri-Paris, W. Heubner-Göttingen, R. Höber-Kiel, M. Jacoby-Berlin, R. Kobert-Rostock, M. Kumagawa-Tokio, F. Landolf-Buenos Aires, L. Langstein-Berlin, P. A. Levene-New York, L. v. Liebermann-Budapest, J. Loeb-Berkeley, W. Loeb-Berlin, A. Loewy-Berlin, A. Magnus-Levy-Berlin, J. A. Mandel-New York, L. Marchlewski-Krakau, P. Mayer-Karlsbad, L. Michaelis-Berlin, J. Morgenroth-Berlin, W. Nernst-Berlin, W. Ostwald-Leipzig, W. Palladin-St. Petersburg, W. Pauli-Wien, R. Pfeiffer-Königsberg, E. P. Pick-Wien, J. Pohl-Prag, Ch. Porcher-Lyon, F. Röhmann-Breslau, P. Róna-Berlin, S. Salaskin-St. Petersburg, N. Sieber-St. Petersburg, M. Siegfried-Leipzig, Zd. H. Skraup-Wien, S. P. L. Sörensen-Kopenhagen, K. Spiro-Straßburg, E. H. Starling-London, F. Tangl-Budapest, H. v. Tappeiner-München, H. Thoms-Berlin. J. Traube-Charlottenburg, A. J. J. Vandevelde-Gent, A. Wohl-Danzig, J. Wohlgemuth-Berlin.

Redigiert von C. Neuberg-Berlin.

Preis des Bandes von 32—36 Bogen M. 12,—.

Zu beziehen durch jede Buchhandlung.

MIX
Papier aus verantwortungsvollen Quellen
Paper from responsible sources
FSC® C105338

If you have any concerns about our products,
you can contact us on
ProductSafety@springernature.com

In case Publisher is established outside the EU,
the EU authorized representative is:
**Springer Nature Customer Service Center GmbH
Europaplatz 3, 69115 Heidelberg, Germany**

Printed by Libri Plureos GmbH
in Hamburg, Germany